AF245679

Clinique des maladies cutanées et syphilitiques

(Hôpital Saint-Louis)

DE L'ABOLITIONNISME

PAR

le Professeur A. FOURNIER

Extrait du BULLETIN MÉDICAL des 13 et 20 août 1902.

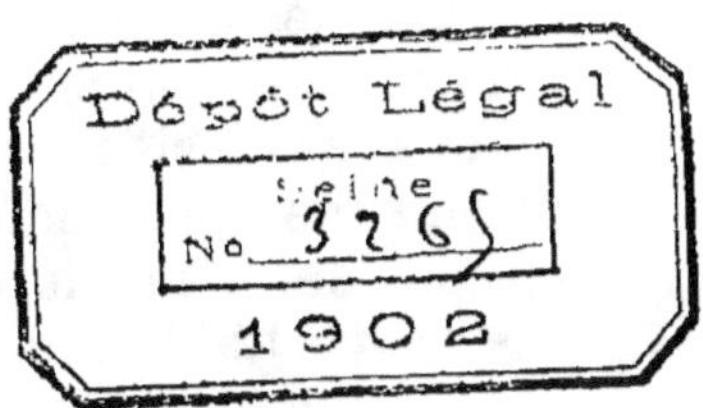

PARIS

IMPRIMERIE TYPOGRAPHIQUE JEAN GAINCHE

15, rue de Verneuil, 15

1902

DE L'ABOLITIONNISME

Par le Prof. A. Fournier

Les moyens de divers ordres qui peuvent concourir à la prophylaxie de la syphilis et des maladies vénériennes en général se divisent naturellement en trois groupes, de la façon suivante :

Moyens d'ordre moral ou religieux;
Moyens d'ordre médical;
Moyens de répression administrative.

Or, si les deux premiers de ces trois groupes ne donnent guère matière a de graves dissidences, j'entends à des dissidences de principe, de fond, il n'en est pas de même du troisième. Celui-ci est un véritable nid à discussions, une source inépuisable de doctrines contradictoires et de polémiques, voire de querelles des plus ardentes. Et, en effet, c'est sur ce terrain que se ren-

contrent, se heurtent et se livrent ba-
taille deux écoles foncièrement opposées, radicalement intransigeantes,
irréductibles d'essence, à savoir : l'une
acceptant ou même réclamant, invoquant l'intervention administrative
dans la prophylaxie de la syphilis et
des affections vénériennes (intervention, bien entendu, qu'elle veut légale,
humanitaire, conforme à l'esprit moderne et très différente, en conséquence, de ce qu'était la vieille « police
des mœurs »); et l'autre, inversement,
récusant toute immixtion des pouvoirs
publics en la matière, considérant
comme attentatoires à la liberté individuelle, voire à la morale, la surveillance administrative des prostituées,
leur « inscription », leur visite médicale, leur internement en cas de maladie, etc., bref, n'acceptant en l'espèce
pour programme que la fameuse de-
vise : *La femme libre sur le trottoir
libre.*

Cette dernière école — qui, pour
être moins nombreuse, n'en cherche
qu'à faire plus de bruit — a reçu ou
plutôt a pris le nom d'école *abolitionniste*, parce qu'elle s'est donné pour
objectif l'abolition des mesures d'ordre

administratif, que de vieille date le bon sens public avait essayé d'opposer comme une digue à la marée toujours envahissante du fléau vénérien. Par opposition, l'école adverse s'est trouvée désignée du nom d'école *réglementariste*, sa caractéristique étant de chercher des éléments de sauvegarde dans un ensemble de mesures administratives, dans ce qu'on appelle une réglementation.

Eh bien, c'est à l'étude de la question abolitionniste que je vais consacrer notre réunion d'aujourd'hui.

****

Entendons-nous bien, tout d'abord, avant d'entrer en matière, et définissons nettement ce dont nous allons parler.

Qu'est-ce, au total, que l'abolitionnisme, ou, tout au moins, qu'allons-nous envisager sous ce terme, singulièrement élastique comme compréhension, et susceptible même d'acceptions diverses ?

L'abolitionnisme est-il constitué indifféremment par toute infraction au programme réglementariste, tel, par exemple, qu'il est appliqué parmi nous depuis un siècle? Suffit-il pour se dire ou être dit abolitionniste d'aspirer à quelque amendement, quelque réforme, quelque suppression dans ce dit programme? Non certes. Car, à ce compte, qui ne serait pas abolitionniste? A ce compte, par exemple, abolitionniste serait l'Académie de médecine qui, en 1888, donna un si vigoureux coup de pioche dans le vieil édifice de la police des mœurs. Abolitionniste serais-je aussi, pour ma part, et Dieu me garde de ce que je considère comme une hérésie scientifique ayant pour aboutissant une calamité sociale! Et ainsi de suite. En sorte qu'il n'est pas de confusion à établir, en l'espèce, entre le réformateur, l'innovateur qui cherche à mieux faire dans une voie donnée qu'on n'a fait jusqu'alors, et le véritable abolitionniste qui, hygiéniquement parlant, n'est qu'un nihiliste, qui n'a d'autre programme, comme il le dit lui-même au reste, que de « démolir » (1), sans souci de rebâtir quelque chose sur des ruines. L'abolitionniste vrai, c'est l'homme qui, *en prin*

____

(1) De Morsier (Congrès de Lyon, 1901).

cipe, et sans discuter la façon de faire,
sans descendre aux modes d'applica-
tion, récuse toute ingérence des pouvoirs publics dans la prophylaxie
hygiénique du péril vénérien dérivant
des prostituées. C'est l'homme qui dit
et professe : « L'administration n'a nul
droit d'examiner préventivement les
filles qui font métier de racolage sur la
voie publique ; — elle n'a nul droit de
retenir ces filles, alors même qu'elle les
trouve malades, infectées de blennor-
ragie ou de syphilis ; — elle n'a nul droit
de les séquestrer tout le temps qu'elles
peuvent être aptes à semer la contagion, etc. Agir ainsi, agir comme le fait
actuellement l'administration , c'est
commettre à la fois « une erreur hygiénique, une injustice sociale, une monstruosité morale et un crime juridique.»

Voilà, je crois, notre sujet bien
défini. Abordons-le maintenant.

*
* *

L'abolitionnisme n'est guère apparu
sur la scène à l'état de doctrine mili-
tante que depuis une trentaine d'années, à la suite de l'agitation que
provoqua en Angleterre un timide,

bien timide essai de réglementation de la prostitution, voté par le Parlement en 1864. La protestation contre cette mesure partit, chose curieuse, d'un camp féminin (« l'Association nationale des dames »), et cela « au nom des grands principes qui avaient protégé jusqu'alors la liberté, l'honneur et l'inviolabilité personnels des citoyens anglais contre l'ingérence tyrannique de l'Etat. » Cette revendication fit fortune, d'autant que les promoteurs eurent la grande habileté de l'introduire dans la politique électorale. Si bien que, quelques années plus tard, en 1875, elle servait de base à la constitution d'une Société qui, fondée par une femme « avec l'assistance de quelques chrétiens », devint bientôt une corporation importante, actuellement connue sous le nom de *Fédération abolitionniste internationale*.

Je le répète, la fondatrice de cette Société fut une femme, à savoir Mme Joséphine Butler, épouse du Révérend G. Butler, docteur en théologie, recteur du collège de Liverpool et, plus tard, chanoine de Winchester. N'ayant pas eu l'honneur de l'approcher et de la

connaître, je ne puis vous en parler
que de seconde main, par ce que j'ai lu
de ses écrits et connais de ses œuvres.
Tout le monde s'accorde à la présenter
comme une femme éminente, digne de
tous les respects, également distinguée
de caractère et d'esprit, chrétienne et,
plus encore, protestante, exubérante
de foi et de ferveur religieuse, capable
de s'enthousiasmer et de s'exalter pour
une cause qui lui paraîtrait juste; capable aussi (et elle l'a bien prouvé) de
sacrifier noblement à cette cause son
temps, ses intérêts et sa vie; capable
alors de se jeter dans la mêlée, d'y abor-
der les rôles masculins, de braver la
foule, de gravir une tribune et d'y parler
ou d'y prêcher avec une véritable élo-
qüence; bref, rappelant (le parallèle ne
sera pas pour lui déplaire, je pense)
ces grandes chrétiennes, ces inspirées
des vieux siècles de foi, qui allaient
de par le monde semant la parole di-
vine, répandant la manne céleste, évan-
gélisant, fondant des couvents, des
monastères, etc.

Quoi qu'il en soit, c'est bien sûrement grâce à l'initiative de cette femme
remarquable, à sa grande autorité, à
son activité prodigieuse, à son exemple

entraînant, que s'étendit, se développa et prospéra la Société qu'elle eut le mérite de fonder.

Cette Société se recruta d'abord dans l'élément protestant, surtout parmi les pasteurs de ce culte et les Quakers, puis dans les associations féminines qui devinrent pour elle de très utiles, voire d'inestimables auxiliaires, jusqu'à « prendre dans la cause abolitionniste un rôle *prépondérant*. » (J. Butler). Elle ne tarda guère à irradier dans tous les milieux, de par une très active et très habile propagande dirigée par divers journaux. Bientôt même elle franchit la Manche, pénétra dans les pays protestants du continent (Hollande, Suisse, etc.), et, finalement, fit son apparition en France, où elle compte aujourd'hui une branche spéciale. Et tout cela sans jamais cesser de s'affirmer par une série ininterrompue de publications, de brochures, de meetings, de fondations de Sociétés ou d'œuvres charitables, de réunions annuelles, voire de grands Congrès internationaux qui, de trois ans en trois ans, tinrent leurs assises à Genève, Gênes, La Haye, Londres, Bruxelles, etc., et dont le plus récent a reçu à Lyon l'hospitalité du maire de cette ville, le Dr Augagneur.

De sorte — cela n'est pas à nier — que la Fédération abolitionniste est devenue une puissance, au moins en Angleterre et dans quelques milieux protestants du Continent. A preuve un véritable tour de force qu'elle a accompli et dont voici le moment de vous parler.

Je vous disais qu'en 1864 le Parlement d'Angleterre, ému des ravages que faisaient les affections vénériennes dans les troupes du royaume, avait tenté de réglementer la prostitution dans un certain nombre de stations navales ou militaires, au nombre de quatorze. Quatre lois ou *Acts* intervinrent à ce propos et prirent le nom qui leur a été conservé de *Contagious diseases Acts*. Elles stipulaient que « toutes les femmes connues pour se livrer ouvertement à la prostitution dans le périmètre desdites stations seraient placées sous la surveillance de la police, soumises à des visites sanitaires, et, au cas où elles seraient reconnues malades, séquestrées jusqu'à guérison dans des asiles de traitement. » Or, c'est comme machine de guerre contre cette innovation législative, considérée comme « un double attentat à la liberté individuelle et à la décence des mœurs », que la Fédération fut fondée. De 1875 à 1886, tous les efforts de la Société convergèrent sur ce seul objectif, l'abrogation des Acts, et constituèrent une campagne que Mme Butler elle-même a qualifiée du nom de « véritable et grande *Croisade* » (1). Je n'abuserai pas ici de votre temps pour vous raconter les péripéties et les incidents multiples de cette dite croisade, mais vous me permettrez bien de vous en signaler l'esprit général par quelques traits, tels que ceux-ci, comme exemples.

Suivant l'usage, on procéda contre les Acts près du Parlement britannique par voie de pétitionnement. Or, sur les listes de pétition qui furent présentées, en 1885, à la Chambre des communes, il ne figurait pas moins de *douze mille* signatures de ministres protestants et de ministres représentant toutes les Eglises réformées du

----

(1) Souvenirs personnels d'une grande croisade, par Joséphine E. Butler, Paris, 1900.

Royaume-Uni (ministres de l'Eglise épiscopale, ministres Wesleyens, méthodistes primitifs et méthodistes unis, chrétiens bibliques, congrégationnalistes, baptistes, presbytériens, etc. (1).

Scène non moins suggestive. La veille du jour où le vote sur les *Acts* devait avoir lieu à la Chambre des communes fut consacrée à des prières publiques; puis, dans un meeting qui eut lieu le soir, on put contempler, spectacle édifiant, « sur la vaste estrade d'Exeter Hall, la réunion des plus hauts dignitaires de l'Eglise anglicane, des méthodistes les plus radicaux, des quakers et des salutistes. Au centre était assise Mme J. Butler, entre l'évêque de Bedford, et Mme Booth, générale de l'Armée du Salut. »

Le ciel ne pouvait manquer de se montrer favorable à tant de pieuses homélies. Aussi bien l'abrogation des Acts fut-elle votée par le parlement (en 1886 pour le Royaume-Uni et en 1888 pour les colonies indiennes). Désormais la prostitution — et la syphilis avec elle — avaient recouvré toute liberté dans l'Empire britannique.

---

(1) Voir *Bulletin continental*, 1885, p. 102.

C'était là un triomphe, sans nul
doute. Aussi bien, justement fière, la
Fédération a-t-elle travaillé depuis lors
à recueillir d'autres lauriers. C'est sur
le continent qu'elle transporta son
champ d'action principal. Elle obtint
là de nouveaux succès, comme aussi
essuya quelques revers (à Genève, par
exemple, en 1896). Mais n'importe; ce
sont là des détails. Tandis que ce qui
est bien autrement essentiel à constater, c'est l'activité soutenue, continue,
qu'elle n'a cessé de déployer depuis sa
fondation, c'est l'esprit de suite, de
persévérance, dont elle a fait preuve,
c'est l'ardeur de prosélytisme qui la
distingue. Positivement, elle est ani-
mée de cette foi religieuse qui ne con-
naît pas d'obstacles et qu'on dit capable de soulever les montagnes.

Jusqu'ici, cependant, on ne s'en est
guère inquiété. Disons même que jusqu'ici, parmi nous tout au moins, on
n'a pas pris au sérieux l'abolitionnisme.
On s'est borné à le considérer soit
comme « une doctrine de sentimenta-
lisme, de féminisme, dont le bon sens
suffirait à faire justice », soit comme
une arme de combat à l'usage des tri-
buns de réunions publiques, où il est

toujours de bon ton et surtout de bonne guerre de dire son fait à la police et de « tomber » le bureau des mœurs. Plus souvent encore on s'en est amusé, on en a ri, en tournant en ridicule les « momiers », les quakers, les piétistes et les bonnes dames de l'armée du Salut. Eh bien, c'est là un tort, c'est là une faute. En réalité l'abolitionnisme est un ennemi dont il faut tenir compte; c'est même d'ores et déjà, je ne le constate qu'à regret, un ennemi puissant et surtout un ennemi habile dont il convient de se défier. Voyez ce qu'il a pu faire chez nos voisins, jusqu'à forcer la main au parlement pour suspendre les *Acts*! D'autre part, ne perdez pas ceci de vue : l'abolitionnisme a bien pour corps d'armée principal le cléricalisme protestant qui, désintéressé des choses temporelles, n'aspire qu'à rappeler en ce monde le règne « de la *pureté*, de la justice et d'une morale unique pour les deux sexes »; mais il ne se compose pas que de cet élément; il a des recrues dans tous les mondes, voire dans le monde des indépendants, des libéraux, des libres penseurs ; et, qui plus est, il a un pied dans la politique. Il sert d'en-

seigne, de drapeau, de réclame à certains partis; il entre comme élément
dans certains programmes politiques,
électoraux. Donc, rendant des services
à la politique, il est en droit d'en at-
tendre, voire d'en exiger en retour.
Donc, rien d'impossible à ce que, le
jour où ses amis seront au pouvoir,
nous ayons dans notre pays le pendant
de ce qu'a été le « rappel des Acts »
de l'autre côté de la Manche. Voilà
l'éventualité, voilà le danger.

Mais quittons ce terrain qui n'est
pas le nôtre. Ici, nous n'avons qu'à
parler science et hygiène. Eh bien,
rentrons dans nos attributions en re-
cherchant ce qui fait le fond du sujet
en discussion, à savoir : *Quels griefs
invoque l'abolitionnisme contre ce
qu'il appelle avec mépris la réglementation?* La réglementation, c'est pour
lui, suivant le mot biblique, l'abomi-
nation de la désolation. Il l'accable de
reproches, de sarcasmes, d'injures.
Soit! Mais que valent de telles accusations? Voyons-le.

***

I. — La réglementation, nous dit-on
tout d'abord, est *illégale,* en ce sens

qu'elle ne repose sur aucun texte de loi.

Sur ce premier point je serais bien tenté de donner gain de cause, sans discussion, aux abolitionnistes. Car, en deux mots, voici l'état de la question.

Bien positivement il n'existe pas dans nos Codes une loi *spéciale* déterminant les rapports de l'administration avec le public des prostituées; il n'est pas de loi qui précise ce en quoi peut consister la répression des actes constitutifs de la prostitution publique. Aussi bien, dans un certain camp, ne cesse-t-on de jeter à la tête de la police des objections, des objurgations comme celles-ci : « Alors que vous arrêtez une femme pour ce que vous appelez délit de racolage, alors que vous la soumettez à un examen médical pour constater si elle est saine ou malade (au point de vue vénérien, bien entendu), alors que vous l'internez en cas de maladie, alors que vous la punissez pour infraction à des réglements qui sont de votre fabrique, vous commettez autant d'actes *arbitraires*, autant d'attentats à la liberté individuelle, etc. »

Il est bien vrai que l'Administration

riposte en invoquant une vieille législature, comme, par exemple, une ordonnance du lieutenant de police Lenoir, remontant à 1778, et confirmée suivant les uns, non confirmée suivant les autres, par un ordre du jour du Conseil des Cinq-Cents, 7 germinal, an V. Mais cela, franchement, est bien vieux, suranné, « moisi ». Invoquer au XXe siècle des dispositions policières antérieures à la Révolution du XVIIIe, c'est exposer à la controverse, voire au sourire, ce qui ne devrait jamais risquer d'être mis en cause, à savoir la légalité.

Aussi bien, publicistes, médecins, hygiénistes, etc., ont-ils de vieille date émis l'opinion que, si la répression de la prostitution est nécessitée par le double intérêt de la santé et de la morale publiques, elle doit tout au moins reposer sur des principes fixes et une base légale. C'est là, par exemple, ce qu'avait nettement spécifié dès 1867 le Congrès médical international de Paris. De même, en 1888, l'Académie de médecine, à *l'unanimité*, a demandé aux pouvoirs publics « de rendre indiscutables les pouvoirs tant discutés de l'Administration, » et cela

en les légalisant, c'est-à-dire en faisant
une *loi* spéciale à ce propos. Et que
dis-je! Il n'est pas jusqu'à un préfet
de police qui, en 1879, ne soit convenu
lui-même, devant une commission du
Conseil municipal, «qu'il conviendrait,
pour mettre son Administration à l'a-
bri des critiques, de substituer à une
législation contestée des textes légis-
latifs incontestables, etc. » (1).

Donc, tout le monde est d'accord sur
ce point. Mais sur ce point comme sur
tant d'autres le parlement a toujours
fait la sourde oreille. « Laissons cela à
la voirie », aurait dit par exemple Gam-
betta, assure-t-on. Pourquoi?... Nous ne
pouvons que déplorer, sans le com-
prendre, ce silence de nos gouvernants.

*
* *

II. — La réglementation, dit-on en
second lieu, est *injuste* ; oui, injuste,
en ce qu'elle traite inégalement la
femme et l'homme dans ses mesures
de répression. L'homme, on lui passe
tout, on lui permet tout, on lui par-
donne tout. Pour lui, liberté, voire

____

(1) Conseil municipal de Paris, séance du
27 janvier 1879.

licencé pleine et entière. La femme,on
la surveille, on la malmène, on la ty-
rannise, on la punit, on l'emprisonne.
« Le même fait de prostitution, pour
lequel nécessairement il faut être deux,
on le tolère pour l'homme,tandis qu'on
le condamne pour la femme.Il y a donc
alors *deux morales*, deux morales dif-
férentes,suivant les sexes.» — « Puis,si
une maladie contagieuse intervient,on
ne s'occupe que de la femme infectée,
sans remonter à la source de l'infection. La pauvre pécheresse est séques-
trée, tandis qu'on laisse courir son
complice, le vrai coupable. » Que devient ainsi l'égalité de l'homme et de
la femme devant Dieu, devant la loi
morale, devant la justice humaine? (1)
Cet argument — chose curieuse —
est en faveur, car on le trouve, sous
des formes diverses, reproduit à satiété. Et cependant il est absolument
vide de sens et sans portée; il ne si-
gnifie littéralement rien; car il n'abou-
tit en somme qu'à établir ceci : que la
femme est punie quand elle commet
un acte public de prostitution, et que

---

(1) J. Butler, « Une voix dans le désert »,
1875.

l'homme ne l'est pas parce qu'il ne commet pas le même acte ; je m'explique.

La prostitution, vous le savez, ne tombe sous le coup de mesures répressives qu'à l'occasion de ses manifestations *extérieures*. Chez elle, entre quatre murs, elle est maîtresse de ses actes, auxquels personne n'a rien à voir. Mais, dans la rue, c'est une autre affaire; là elle est soumise à l'observance de certaines règles qu'il peut plaire à la collectivité de lui imposer. Or, ces manifestations extérieures de la prostitution consistent presque exclusivement en ce qu'on appelle le *racolage*, dans ses diverses formes inutiles à décrire ici. Eh bien, qui pratique le racolage? La femme, exclusivement la femme. Car je ne sache pas qu'il y ait à ce point de vue un pendant à la femme dans notre sexe. Je ne vois pas d'hommes stationnant au coin des rues, faisant les cent pas le long d'un trottoir, accostant les femmes qui passent pour leur offrir de « monter chez eux », avec la promesse « d'être bien aimables, etc. » L'homme public, « faisant la retape » et servant de pendant à la fille publique, est un type qui n'existe pas.

Cela posé, concluez. La loi, qui n'a qu'à s'occuper des manifestations extérieures de la prostitution, punit la femme qui fait le racolage parce qu'elle fait le racolage; et elle ne punit pas l'homme pour le même acte pour la très simple raison qu'il ne commet pas ledit acte. Rien de plus simple et de plus logique, vous le voyez.

Donc — seconde conclusion — il n'existe pas dans la loi, comme on le dit, « une inégalité, une injustice d'un sexe à l'autre, une partialité en faveur de l'homme au détriment de la femme. » Et je cherche vainement là ce qu'on a appelé la «double morale».

Et même, si je voulais creuser le sujet, je serais conduit à ajouter : Si, vraiment! Il existe d'un sexe à l'autre une inégalité, une disparité au point de vue des obligations issues de la prophylaxie publique, inégalité contre laquelle nous sommes bien loin de récriminer, mais qu'il ne sera pas sans intérêt de signaler au passage, puisque l'occasion s'en présente. Et, en effet, à peine l'homme a-t-il revêtu l'uniforme militaire qu'il est soumis *ipso facto* à l'obligation de subir une visite corporelle, visite portant surtout

sur les organes génitaux, et que vous
connaissez tous puisque vous avez été
soldats; visite qui, ces jours derniers
encore, vient d'être à nouveau pres-
crite et réglementée par un décret du
ministre de la guerre. Bien entendu, il
en est de même pour l'armée de mer. Il
en est de même aussi pour les ouvriers
des ports, etc. Vous voyez donc que la
prophylaxie ne ménage pas, « n'épar-
gne pas » le sexe masculin quand elle
trouve l'occasion de l'atteindre et
qu'elle ne le dispense en rien d'obligations plus ou moins vexatoires quand
elle les croit utiles à l'intérêt de tous.
Cela soit dit à l'adresse de l'école fé-
ministe, que j'aime beaucoup cependant, mais qui vraiment tend un peu
trop de nos jours à poser constamment
la femme en victime du sexe masculin.

III. — « La réglementation, poursui-
vent encore les abolitionnistes, est
impudique, obscène, cynique. Oui, cynique, et cela de par la visite corporelle qu'elle impose à la femme en
vue de savoir si elle est ou non affec-

tée d'une maladie vénérienne contagieuse. »

Ah ! la visite corporelle, ce qu'abré-
viativement on appelle la visite, voilà
ce qui heurte, offense, offusque le plus
vivement les membres de la fédération abolitionniste, notamment les dames
anglaises. Cela les suffoque littéralement, et vous ne sauriez vous ima-
giner tout ce qui a été dit et écrit à ce
sujet, qui nous touche si peu, nous
autres mécréants. Au surplus, il sera
bon de citer ici les textes. Ecoutez
donc ceci :

« La visite médicale est attentatoire
à la dignité de la femme... C'est, en
même temps qu'un acte de tyrannie,
un outrage, une dégradation, une in-
famie, un sacrilège, un crime, etc...
C'est un acte abominable, horrible,
exécrable, qui achève la dégradation
de la femme.. Cette visite, c'est la
plus haute expression, le comble de
l'asservissement de la femme ; elle
marque l'intention de réduire la femme
en esclavage, de faire d'elle une chose
et non une personne, la chose de l'administration, un vase, un instrument,
une esclave, tout sauf une femme...
C'est même une insulte à toutes les

femmes dans la personne de « *nos sœurs*. »

Et ailleurs : « ...Rien ne peut donner le droit d'outrager ces femmes, de violer leur pauvre corps ; rien ne peut donner le droit de les forcer à dévoiler leur nature physique la plus intime... Cette visite est le renouvellement de la torture... Examiner une femme, c'est souiller le *berceau de l'humanité* par une pratique profanatrice », etc., etc... (J. Butler).

La colère des abolitionnistes déborde même jusque sur les médecins « impudents et grossiers » qui outragent ainsi les femmes en les visitant ; « en les violant, ils violent en elles leur propre mère. » M. Yves Guyot les traite de « douaniers de la syphilis. » En termes non moins obligeants, le trésorier de la même Société les qualifie de « canailles scientifiques », etc. Et même, bien qu'innocents encore de telles iniquités, les étudiants en médecine ne trouvent pas grâce devant les abolitionnistes. « On sait *ce que valent en général les étudiants en médecine de Paris* », s'écrie Mme J. Butler (1).

---

(1) Grande croisade, p. 230.

En ce qui nous concerne, nous médecins, nous n'avons qu'à sourire de
telles choses et de tant d'autres amé-
nités du même ordre à notre adresse,
dont vous trouverez une riche collec-
tion dans certaines publications abolitionnistes, notamment dans un livre
de M. Yves Guyot sur la prostitution.
Mais, pour ce qui concerne les filles,
vraiment on leur procurerait un pro-
fond étonnement, non moins qu'un
instant de folle gaîté, en leur appre-
nant qu'elles sont « outragées, violées »
par le spéculum, alors qu'elles passent
leurs journées et leurs nuits à provo-
quer des outrages bien autrement
graves pour « le berceau de l'humanité. »

Cependant, empressons-nous de ras-
surer les bonnes dames d'Albion sur
le sort de celles qu'elles appellent si
charitablement « leurs sœurs » et de
calmer leurs bien illégitimes appré-
hensions pour ces « brebis perdues du
Christ ». Cette fameuse visite médicale si redoutable n'a rien, quoi qu'on
en ait dit, qui rappelle les scènes de
torture, ni les questions ordinaires ou
extraordinaires de l'Inquisition, ni les
bûchers de Calvin. Tout s'y passe

sans violence, simplement, correcte-
ment; et même — le croira-t-on? —
les médecins qui y président en exer-
çant là « le sacerdoce du spéculum »,
n'y pratiquent que le sacerdoce des
convenances et de la dignité professionnelle.

*
* *

IV. — En quatrième lieu, « la réglementation est *corruptrice*. » — Corruptrice? — Oui, et cela parce qu'elle
rend plus fréquents les actes de débauche en raison de la *sécurité* qu'elle
promet. Elle devient de la sorte « une
provocation au vice », une « invite au
consommateur. »

Ecoutez, par exemple, M. de Pres-
sensé proclamant que « partout où il
existe un système de lois sanitaires
concernant la prostitution, comme en
France, c'est l'Etat qui favorise ce
commerce d'âmes et de corps, qui le
garantit et le patente; qui facilite le
premier pas au vice, qui augmente le
vice dans une proportion considéra-
ble, etc.... Cette prophylaxie contribue
à la corruption du jeune homme et le
renvoie flétri au foyer conjugal. » (1)

____

(1) *Bulletin continental*, 1876, p. 60-61.

De même pour M. Stansfeld, « la réglementation accroît, chez les hommes, le vice sexuel... Elle constitue une incitation, une provocation à la débauche... C'est l'Etat lui-même qui organise la provocation, en offrant par le système de la visite un approvisionnement de femmes qu'il présente sur l'horrible marché comme une marchandise garantie en disant — quoique sa promesse soit aussi fausse que l'enfer — : Venez, péchez librement et sans crainte; nous vous garantissons contre les conséquences physiques du vice... L'Etat se fait ainsi littéralement entremetteur et proxénète, en donnant les pensionnaires des établissements qu'il protège comme garanties par des docteurs à sa solde, etc., etc. » (1).

Besoin est-il de répondre à de telles accusations? Vraiment l'Etat a bon dos en la circonstance, et devient le bouc émissaire de tous les péchés d'Israël. Mais, en réalité, a-t-il donc jamais tenté de corrompre le moindre de ses sujets? A-t-il jamais recom-

_____

(1) *Bulletin continental*, Congrès de Genève, 1877; p. 67.

mandé d'une façon ou d'une autre les femmes auxquelles il impose la visite? A-t-il jamais convié quelqu'un à la débauche en sollicitant ses préférences pour lesdites femmes, et en lui promettant avec elles une garantie que n'offrent pas les autres? Ce sont là tous arguments dignes d'orateurs de clubs ou de réunions publiques. De toute évidence l'Etat n'a jamais corrompu qui que ce soit, et, d'autre part, s'il plaît à un benêt quelconque d'accorder toute confiance aux femmes en question, le dit benêt n'a qu'à s'en prendre à lui-même, en cas de malheur, de sa naïveté.

Voici, d'ailleurs, un fait, non assez remarqué, qui démontre bien que la réglementation n'exerce pas l'influence corruptrice dont on l'a incriminée et que la visite médicale, en dépit des garanties qu'elle semble offrir, n'a pas « l'attirance », la faculté d'attraction qu'on lui suppose. Ce fait, c'est la *décroissance progressive et continue des maisons publiques.*

Certes, de l'aveu général, c'est dans les maisons publiques que la surveillance administrative s'exerce à la fois le plus facilement, le plus fréquem-

ment et le plus complètement, de façon
à offrir au public des garanties de sécurité bien autres que n'en présentent
les filles inscrites, mais libres, qui se
dérobent aisément aux visites, et surtout les clandestines qui échappent à
toute surveillance. Donc, logiquement,
c'est dans les maisons publiques que
l'attrait d'une *sécurité* au moins rela-
tive devrait diriger le plus de clients ;
ces maisons « qui promettent l'impunité » devraient par cela même faire
fortune, prospérer, s'accroître de nombre. Eh bien, pas du tout ! Tout au
contraire, elles sont en pleine déconfi-
ture. Leur achalandage diminue, et leur
nombre n'a cessé de décroître depuis
soixante ans, à Paris, en province et à
l'étranger. Le fait est curieux et exige
ses preuves. Les voici pour Paris.

On comptait à Paris :

235 maisons publiques en 1841
219   —   —   1851
196   —   —   1861
142   —   —   1872
126   —   —   1881
 60   —   —   1891

Et voici qu'on n'en compte plus
que :

48 en 1901.

Et cela alors que, dans le même temps, la population a triplé (de 1.194.000 à 3.599.000).

C'est-à-dire qu'en soixante ans les maisons publiques sont devenues cinq fois moins nombreuses, alors qu'inversement la population a triplé. Allez donc, après cela, soutenir que la réglementation soit corruptrice *de par la sécurité qu'elle promet!*

****

V. — « La réglementation est *immorale.* »

Sous ce vocable quelque peu élastique viennent se ranger une foule d'accusations diversement formulées, qui seraient malaisément classables.

Ainsi, la réglementation, a-t-on dit, est immorale : en ce qu'elle « pactise avec la prostitution » ; — en ce qu'elle « consacre et protège l'immoralité la plus flagrante », et en ce qu'elle est, par cela même, « contraire au Christianisme qui met la débauche au premier rang des péchés » ; — en ce qu'elle légalise le vice et en fait l'Etat complice, car « régler l'exercice de la prostitution, c'est en reconnaître l'utilité, c'est la proclamer nécessaire et légitime. L'Etat se trouve ainsi élever la prostitution au rang d'une industrie commune, tenir marché de débauche et devenir de la sorte le grand monopoleur du vice, le premier ministre du péché »; — en ce qu'elle constitue une « excitation officielle à la débauche, un véritable proxénétisme d'Etat avec privilège d'une épuration médicale »; — en ce qu'elle « asservit légalement la femme au vice public »;— en ce qu'elle « crée une catégorie de femmes esclaves pour le plaisir des débauchés, immolant ainsi les humbles au plaisir d'autrui, et sacrifiant la fille du peuple aux débauches des classes supérieures »; — en ce qu'elle « place la santé des vicieux sous la protection de l'Etat, pour mieux assurer l'impunité à l'incontinence et l'immoralité », etc., etc.

Et à ces citations, *toutes textuelles*, que d'autres de même ordre n'aurais-je pas à ajouter, non moins déclamatoires, non moins sonores et creuses à la fois! Car, en somme, que reste-t-il de ces griefs quand on les analyse de près, isolément, quand on les exprime pour en recueillir la quintessence, et surtout quand on se demande à quel titre et à quel degré il convient d'en rendre la réglementation responsable? Voyez plutôt.

Est-ce que, d'abord, c'est l'Etat qui fait la prostitution? Il la trouve bien toute faite, toute constituée. Quel bénéfice aurait-il à créer, protéger, légaliser, monopoliser des centres de débauche pour se donner la peine de les combattre ensuite? On se creuse la tête, en vérité, pour expliquer l'étrange mentalité qui fait imputer à l'Etat de telles monstruosités.

Puis, trouvant la prostitution constituée, l'Etat a le bon esprit de ne pas chercher à l'abolir; car il sait, de par les leçons de l'histoire, qu'elle est plus forte que lui et qu'elle lui résisterait victorieusement, tout comme jadis elle a résisté à Charlemagne, à Saint Louis, à Louis XIV, à Marie-Thérèse, etc. Mais, s'il la laisse vivre, il ne lui impose pas moins ses lois, loin de « pactiser » avec elle, et cela de façon à donner satisfaction à un double intérêt moral et sanitaire. D'une part, en effet, il assure contre elle la décence des rues, il l'empêche d'immoraliser la rue; et, d'autre part, il assainit le bourbier dans la mesure de ce qu'il peut faire.

Il ne favorise pas la prostitution, comme on l'en accuse; il ne la légalise pas; il la *tolère*, ne pouvant rien de plus; mais il ne la tolère qu'en la réprimant dans son expansion immoralisante et contagieuse. Et l'on dit *immoral* ce double office de l'état en l'espèce. J'avoue, moi, ne pouvoir le trouver que *moral* et *bienfaisant*.

De même le Dr P. Good a dit : « Quand on m'aura fait croire qu'en internant dans un lazaret un individu, homme ou femme, qui aura peut-être été en rapport avec des germes de la peste ou du choléra, la société tolère, encourage, favorise la peste ou le choléra, je croirai aussi qu'en cherchant à mettre une femme certainement atteinte de syphilis dans l'impossibilité de transmettre cette maladie, la société tolère, encourage, favorise le triste commerce pratiqué par cette femme. » (1)

Enfin, est-ce encore la faute à la réglementation si des millions de femmes, recrutées, il est vrai, pour la grande majorité parmi les humbles,

______

(1) *Relèvement social*, Supplément, février 1901.

croupissent dans les bas-fonds de la
société en servant « de *chair à plaisir*
à la luxure masculine »? Non certes,
car il en serait de même en dehors de
toute intervention répressive des pouvoirs administratifs. La preuve en est
qu'il n'en va pas différemment dans
les pays où n'existe aucune réglementation. La raison vraie de telles misè-
res remonte plus haut, c'est-à-dire remonte aux causes sociales qui consti-
tuent la prostitution, et c'est à ces
causes, non à l'Etat, qu'il faut s'en
prendre comme responsabilité de l'effroyable état de choses en question.

*
* *

VI. — Venons à un dernier grief :
« La réglementation, dit-on, est notoirement *insuffisante* et, en conséquence,
inutile. »
Insuffisante, répondrai-je; ah! pour
cela oui, et combien vous avez raison!
Elle est insuffisante au premier chef,
et comment voulez-vous qu'il en soit
autrement, qu'il puisse même en être
autrement? Elle ne s'adresse et ne
saurait s'adresser qu'à un *petit public*,
exclusivement constitué par la prosti-

tution de bas étage. A Paris, par exemple, elle ne s'adresse qu'à cinq ou six mille femmes, alors que, notoirement, il est 30.000 femmes, suivant les uns, ou 50.000, suivant les autres, qui vivent de prostitution.

Mais de ce qu'elle ne produit qu'un *petit bien*, au lieu d'en produire un grand, faut-il pour cela l'abandonner, la répudier, et se croiser les bras? Cela, par exemple, à la façon d'un homme qui raisonnerait ainsi : « Que de pauvres à secourir! Avec ma petite bourse je pourrais bien en soulager deux ou trois; mais, comme ils sont cent, à quoi servirait mon obole? Donc, ne donnons rien, c'est préférable.» — Ou bien encore : « Voilà un gros navire qui fait naufrage en vue de la côte. J'ai bien là une petite barque avec laquelle je pourrais repêcher une demi-douzaine, une douzaine peut-être, de ces malheureux. Mais, comme ils sont deux ou trois cents, restons bien tranquille sur le rivage. »

Piteux argument qui, je m'en souviens, est tombé net, au Congrès de Bruxelles, devant cette spirituelle boutade de mon ami le D^r Le Pileur : « A quoi servent les gendarmes? —

A arrêter les voleurs. — Ah, très bien ! Mais les gendarmes arrêtent-ils *tous* les voleurs? Non. — Non? Alors il faut supprimer les gendarmes. »

Eh bien, tel est exactement le même langage que — sans consentir à s'en apercevoir — certaines personnes opposent à l'Administration : « Surveillez-vous, avec votre police, *toutes* les femmes qui seraient à surveiller? — Non certes, tant s'en faut! — Non? Alors, n'en surveillez aucune. »

D'autre part, on a dit : « La réglementation est *inutile*. Car elle ne produit pas ce qu'*a priori* elle paraîtrait devoir produire. Ainsi, d'après certaines statistiques, la syphilis serait tout aussi fréquente dans les pays à réglementation que dans les pays non réglementés, voire plus fréquente quelquefois. »

On s'est battu sur ce point à coup de statistiques, lors de la conférence de Bruxelles notamment. Guerre de chiffres qui n'a abouti à rien et qui, du reste, ne pouvait aboutir à quoi que ce soit de décisif, de probant. Car, d'une part, nous manquons encore de *bonnes* statistiques sur la question, j'entends de statistiques complètes et

comparables. D'autre part et surtout,
la fréquence des affections vénériennes
dans un pays quelconque est soumise à
tant et tant de facteurs (quelques-uns
même très inattendus parfois) « qu'il
est impossible, comme l'ont très bien
dit à Bruxelles nos collègues Neisser et
Ehlers, de juger par la statistique de
l'action *isolée* d'un de ces facteurs. »

D'ailleurs, ajouterai-je, il est quelque
chose de supérieur à toutes les
statistiques; c'est le *bon sens*, et, en
l'espèce, le bon sens juge la question
de la façon suivante :

*Une fille, affectée de plaques mu-
queuses, est internée, aujourd'hui, à
Saint-Lazare, je suppose. Qu'y fera-t-
elle ce soir et cette nuit ? Elle y dor-
mira, inoffensive. Qu'eût-elle fait ce
soir ou cette nuit, si elle eût été libre ?
Elle eût sûrement transmis la syphilis
à un ou plusieurs hommes.*

Ce très simple argument, je m'en
souviens, a reçu très bon accueil à la
conférence de Bruxelles. Il a fait fortune, et on lui a même accordé les hon-
neurs d'un baptême spécial sous le nom
d'*argument du bon sens*, nom qui sert

à le désigner actuellement. En revanche, il est odieux aux abolitionnistes qui ne me le pardonnent pas, et M. Augagneur le traite de « singulier. »

**

Telles sont les principales accusations fulminées par le groupe abolitionniste contre le système de la réglementation. Je dis principales parce qu'il en est bien d'autres que je pourrais encore citer; mais vraiment ces dernières n'ont aucune portée et c'est presque leur faire grâce que les passer sous silence. Qu'on en juge par ces quelques échantillons.

I. « *La visite médicale*, a-t-on dit, *n'offre pas de garanties!* » Certes vous aurez peine à croire qu'il ait pu se trouver des médecins — des médecins, oui — pour émettre une assertion de cet ordre; le fait est authentique cependant. Une seule réponse est de circonstance, et la voici : la visite médicale offrira toutes garanties si elle est *bien* faite; elle n'en offrira pas si elle est *mal* faite. Tout dépend de la qualité et de l'instruction du médecin à qui elle sera confiée.

II. « *La visite médicale n'offre-t-elle pas le danger de transmettre la contagion redoutée?*

Oui, sans doute, si le médecin la pratique avec des mains ou des instruments sales. Mais pourquoi, à l'avance, cette suspicion de haute malveillance vis-à-vis du corps médical, suspicion aussi imméritée, aussi déplacée que possible? Des injures ne sont pas des raisons.

III. Autre hérésie médicale, souvent exploitée par la cause abolitionniste. Au Congrès de 1889, l'éminent et regretté prof. Stoukowenköff (de Kiew) est venu très imprudemment énoncer que la réglementation « n'était plus en harmonie avec les données de la science actuelle. » Ainsi, disait-il, au cours de sa période « condylomateuse » (période secondaire en langage courant), la syphilis est contagieuse et contagieuse même *sans accidents* (sans accidents, notez bien cela, c'est-à-dire sans manifestations appréciables), et cette période peut durer de sept à dix ans. Donc, on ne peut jamais affirmer, à moins de trom-

per le public, qu'une femme qui a la
syphilis depuis quelques années n'est
pas contagieuse par ce fait qu'elle n'a
pas de lésion constatable. Donc, conséquence pratique, à quoi bon perdre
son temps à rechercher des lésions
chez de telles femmes, puisqu'elles
sont ou peuvent être contagieuses
sans lésions? — Quel argument contre
la visite médicale! Quelle aubaine pour
les antiréglementaristes! (1) Malheu-
reusement pour eux, la doctrine de
Stoukowenkoff n'a pas eu le moindre
écho médical. Elle ne reposait que sur
une simple hypothèse, et elle a vécu
ce que vivent les hypothèses. Il n'en
est plus question.

***

De l'exposé qui précède dérive nécessairement une impression qui déjà
sans nul doute s'est imposée à vos
esprits. Impossible, en effet, de ne pas
être frappé de la discordance violente
des opinions soulevées par le sujet
spécial dont nous venons de parler.
N'est-il pas vraiment étrange et cu-

---

(1) V. Fédération britannique continentale et
générale (Ve Congrès international, 1889, p. 22.)

rieux de voir des hommes à coup sûr également respectables, instruits, éclairés et indépendants, également soucieux de la vérité et de l'intérêt public, aboutir en l'espèce aux convictions les plus opposées et aux solutions les plus contradictoires, les uns considérant la réglementation des prostituées comme une nécessité, une sauvegarde pour la société, un devoir pour les pouvoirs publics, et les autres la rejetant, la répudiant comme une illégalité, une inutilité, une monstruosité, etc.? Que veut dire cela? Et comment expliquer, je ne dirai pas ces divergences (le mot serait insuffisant), mais une opposition de sentiments aussi radicale, aussi intransigeante de part et d'autre?

Sans doute se présenteraient à invoquer ici des raisons de divers ordres, telles que influences de milieux, d'éducation, de profession, idées philosophiques, religieuses, politiques, doctrines féministes, etc. Mais tenez pour certain que la cause principale de ces dissidences procède de la différence des points de vue auxquels on se place, de l'objectif visé, des résultats auxquels on aspire. Je m'explique.

Pour nous, médecins et hygiénistes,

notre position dans le débat est des
plus simples et des plus nettes. Ce qui
nous conduit à réclamer et à réclamer
énergiquement une surveillance médicale de la prostitution, c'est, d'une
part, notre expérience professionnelle
des dangers considérables, épouvanta-
bles, qui résultent des affections vénériennes, et, d'autre part, c'est le devoir moral qui nous incombe de protéger la société contre ces dangers.
Notre objectif, à nous, c'est le *péril
vénérien*; et notre aspiration, c'est l'at-
ténuation de ce péril dans la mesure du
possible.

Tout autre est le point de vue des
abolitionnistes. (Je parle ici du groupe
des abolitionnistes qui composent la
Fédération; je parle du *corps d'armée*,
sans tenir compte d'un certain nombre
de membres isolés, véritables francs-
tireurs qui guerroyent à ses côtés, et
qui, pour un certain nombre, sont animés d'un tout autre esprit. Que ces
derniers, donc, ne prennent pas à leur
adresse ce qui va suivre, je les en prie).
Pour les abolitionnistes, disais-je, l'objectif visé, ce n'est pas le péril vénérien, c'est le *péril moral*. Ce qu'ils
redoutent comme conséquence de la

prostitution, c'est le *péché sexuel*; ce à quoi ils aspirent, c'est, suivant une expression qui leur est favorite, la *pureté*, la pureté pour l'un et l'autre sexe; car, ainsi qu'ils le répètent à satiété, il n'y a pas deux morales, l'une pour l'homme et l'autre pour la femme; il n'y en a qu'une, commune aux deux sexes, qui impose à l'un et l'autre la continence sauf en état de mariage.

Or — suivez bien le raisonnement — quelle est l'origine du désordre moral, de l'incontinence que« le christianisme met au premier rang des péchés »,quel est l'ennemi qui provoque incessamment les convoitises de la chair, la fornication, l'adultère, etc.? C'est la prostitution. Et quelle prostitution plus spécialement? Celle qui se voit, qui s'affiche, celle qui est toujours là, toujours prête, « celle qui promet tout à la fois plaisir et impunité », à savoir « celle qu'organise, entretient et réglemente l'Etat pour la satisfaction des vicieux. » Donc, c'est contre la prostitution réglementée qu'il faut combattre, « comme la source de perdition par excellence, comme le mortel ennemi des âmes et le poison des

cœurs », comme « une citadelle de Sa-
tan » (Jos. Butler).

Fort bien! Mais que devient la syphilis dans ce programme? Ah! elle y
est bien oubliée, bien effacée. Il n'y a
guère place pour elle dans les préoc-
cupations des abolitionnistes. Le salut
de l'âme, le péché à éviter, la *pureté*,
voilà leur objectif; quant à la syphilis,
ils n'en parlent pas, ou si peu! C'est
presque pour eux quantité négligeable.
N'est-ce pas un abolitionniste, par
exemple, qui a fait la proposition sin-
gulière (plus conforme au principe de
la pureté qu'aux intérêts de l'hygiène)
de faire entrer en ligne de compte les
bulletins de santé pour l'avancement
en grade dans l'armée? De sorte que
les soldats n'auraient rien eu de plus
à cœur que de dissimuler leurs maladies et, conséquemment, ne se seraient
plus guère traités.

Ce noble mépris pour le tempo-
rel, sans doute les abolitionnistes
ne le professent pas ouvertement,
ce serait maladresse; mais il ressort
de l'ensemble. Il ressort, par exemple, de l'absence de tout effort de
leur part dans le sens d'une prophylaxie basée sur d'autres moyens que

des moyens moraux. Vainement cher-
cheriez-vous dans leurs innombrables
publications la moindre étude où le
problème soit abordé dans le sens hygiénique ou médical. D'autre part, on
s'oublie quelquefois, ou bien quelque
enfant terrible du parti découvre l'état
d'âme de ses collègues. Et alors sur-
gissent au jour des déclarations telles
que les suivantes :

Par principe, pas de surveillance
médicale de la prostitution. La question hygiénique n'est, en l'espèce,
qu'un « misérable prétexte, destiné à
couvrir une institution déshonorante
et impie » (James Stansfield), prétexte
émanant « d'une soi-disant science
médicale menteuse et bornée, qui se
croit seule dépositaire de la sagesse »
(J. Butler). Cette question hygiénique
est de celles dont doit *se débarras-
ser* l'Etat, parce que « légaliser le
vice ne saurait être l'œuvre d'un
chrétien » (Fallot).

Ainsi, c'est bien entendu : tout
effort pour assainir la prostitution est
condamnable et condamné à l'avance
comme contraire à l'esprit chrétien et
voué, du reste, « à un échec complet
et ridicule. » (J. Butler).

Mais voici mieux encore. Écoutons bien ceci :

« Que l'homme qui s'abaisse jusqu'à entrer dans une maison de tolérance pour y satisfaire sa passion charnelle puisse en rapporter une maladie honteuse, *nous ne trouvons pas cela mauvais* (!), et nous ne perdrons pas de temps à nous apitoyer sur son sort » (1).

Que dis-je ? non seulement la vérole, pour certains fanatiques, est une juste punition du péché, mais, en outre, c'est « un *mal parfois utile et salutaire* (!) », parce que c'est un mal que Dieu a envoyé pour corrompre la « chair luxurieuse. » La vérole devient ainsi un frein salutaire que la Providence a bien voulu imposer au dérèglement des mœurs, un gardien naturel de nos âmes et la sauvegarde de la vie morale, c'est-à-dire un agent de salut dans un autre monde.

Et ce n'est pas tout. Car je dois encore, comme confirmation à ce qui précède, vous citer les textes de plusieurs des apôtres de l'abolitionnisme professant ceci : alors même que la

____

(1) *Qu'est-ce que la fédération?* Par un membre du Comité exécutif. Paris, 1898.

réglementation serait reconnue utile au point de vue de l'hygiène, il faudrait la rejeter comme nuisible à la morale; — « alors qu'elle serait utile au double point de vue de la morale et de l'hygiène, il faudrait encore la repousser comme inique au point de vue de la liberté individuelle »; — c'est-à-dire au total : alors même que la réglementation aboutirait à supprimer la vérole, il faudrait, au nom de la morale, rejeter la réglementation et *conserver la vérole!*

Les textes sont ici indispensables à produire :

« ...Si, après l'abrogation des Acts, le chiffre des maladies avait pris une marche ascendante, cela n'eût pas été de nature à modifier notre manière de voir. » (Percy W. Bunting.)

« ...La sauvegarde (dérivant de la réglementation) serait-elle aussi réelle qu'elle est fallacieuse, elle ne légitimerait en rien la réglementation. » (Pasteur Hirsch.)

« ...Même si les statistiques parvenaient à démontrer qu'il est possible, par le système en vigueur, de diminuer les maladies résultant de la prostitution, notre cri de guerre resterait ce qu'il est aujourd'hui., etc. » (Joséphine Butler.)

« ...Supposons que les hygiénistes at-
teignent complètement leur but et puis-
sent garantir la santé des vicieux; qu'y
aura gagné la Société ? Osera-t-on appe-
ler de ses vœux le temps où il sera possible de dire à nos fils : vous pouvez vous
livrer librement à vos plaisirs sans danger
pour votre corps ?... La morale prime toute
autre considération; l'hygiène ne vient
qu'en seconde ligne. » (Pasteur Pierson.)

Ainsi donc, je ne crains pas de me
répéter (la chose en vaut la peine),
trouverions-nous moyen, de par une
réglementation idéalement parfaite, de
tuer la vérole et de purger la terre de
cette épouvantable peste, les abolitionnistes interviendraient tout aussitôt
pour nous dire : « Halte-là ! Grâce
pour la vérole ! Laissez-la vivre, au
nom de la morale ! » Comme si la morale pouvait avoir à souffrir du trépas
de la syphilis !

Mais j'abrège, et pour aller immé-
diatement au fond des choses, je dirai
qu'en l'espèce la vérité vraie est ceci :

Que la Fédération abolitionniste est
née d'un mouvement clérical protestant, qu'elle est l'œuvre d'une ligue
religieuse, confessionnelle;

Qu'elle a été fondée et, depuis lors,

toujours dirigée par une série de pasteurs ou de membres animés du même esprit évangélique, non moins qu'affiliée à quantité d'églises d'Angleterre et du Continent, non moins qu'assistée par nombre de congrégations, d'associations féminines à dévotion fervente;

Qu'elle est toujours restée fidèle au programme de sa fondatrice, Mme J. Butler, programme toujours curieux à rappeler : « *Guerre sainte contre l'impureté*, dans l'attente du jour où non seulement les forteresses officielles du vice seront renversées en Angleterre et ailleurs, mais où, dans chaque pays chrétien, ceux qui invoquent le nom du Christ rougiront de parler du vice comme d'une nécessité, et de permettre qu'une partie de la Société soit assujettie à l'organisation diabolique connue sous le nom de réglementation officielle des prostituées »;

Que l'évolution de cette Société n'a jamais cessé de s'accentuer dans le sens du sentiment religieux, voire du piétisme, jusqu'au point de « s'abriter sous le drapeau de l'*Armée du Salut* » et d'éloigner d'elle, par cette alliance compromettante, certains de ses membres, comme M. Yves Guyot. « ...J'ai cru que votre Fédération, écrivait ce dernier au président de l'œuvre, M. de Laveleye, était un mouvement de li-berté... Elle s'est transformée en un mouvement de compression. Je ne sau-rais vous suivre dans cette voie » ;

Bref, qu'elle est et n'a jamais été qu'une Société *religieuse*, exclusive-ment dévouée à la défense de principes spirituels, mais se désintéressant de tout progrès hygiénique, de tout effort tendant à un but sanitaire.

Cela dit, je ne me permettrai certes pas de pousser la discussion plus avant. Les choses d'ordre religieux ne relè-vent que de la conscience, et je m'in-clinerai respectueusement devant la foi et les croyances des abolitionnistes. Mais ce que j'ai le droit et le devoir de dire ici, c'est qu'un programme res-treint de la sorte aux seuls intérêts spirituels et moraux ne saurait nous satisfaire, nous médecins. Car, méde-cins, nous avons à remplir vis-à-vis de la Société, des *devoirs* d'autre genre, des devoirs que notre situation nous impose, et auxquels nous n'avons pas la liberté de nous soustraire.

Ces devoirs, c'est de tout faire, de

tout mettre en œuvre pour la défense
de l'humanité contre le péril vénérien,
notamment contre ce néfaste, ce terrible fléau qui s'appelle la vérole.

La vérole (à ne parler que d'elle
pour l'instant), nous la connaissons,
nous, pour la voir à l'œuvre chaque
jour, et, pour la connaître, nous avons
appris à la redouter. Nous la savons
quadruplement nocive : nocive pour
l'individu qui a le malheur d'en être
affecté, pour la famille où l'introduit
l'époux contaminé, pour l'enfant et
pour la patrie. Je précise :

1° *Nocive pour l'individu*, de par
ses manifestations si extraordinaire-
ment multiples et variées, de par
son tertiarisme de sinistre renom, et
surtout de par ses séquelles para-
syphilitiques plus dangereuses encore
et plus inexorables. Tout cela est de
notion commune et je n'y insisterai
pas. Je ne ferai que signaler au passage un point qu'en général on ne
remarque pas assez : c'est que le pro-
nostic de la syphilis n'a pas cessé de
s'accroître et de s'accroître considé-
rablement depuis une quarantaine
d'années, c'est-à-dire depuis qu'on a
étudié la maladie *étiologiquement*,

j'entends en tant que cause morbifique, et qu'on lui a justement rapporté nombre de méfaits dont elle peut être coupable. Qui parlait, il y a quarante ans, de pneumopathies, de cardiopathies, d'artérites, de néphrites, d'anévrysmes syphilitiques, etc., etc.? Qui supposait, il y a vingt ans, que la syphilis pût être ce qu'elle est si fréquemment, à savoir l'origine du tabes, de la paralysie générale, de la leucoplasie, etc. ?

2° *Nocive pour la famille*, et cela à des titres divers : contamination de la femme, si fréquente en l'espèce, devenant cause de désunion, de dislocation, de dissolution du mariage, de divorce; — ruine matérielle de la famille par maladie, incapacité ou mort de son chef, etc. Très fréquemment, *c'est le mari qui paie à la syphilis la dette du garçon*. Et que de fois cette dette ne se solde-t-elle pas par l'entrée de la misère au foyer domestique! Que de drames de ce genre la syphilis ne réalise-t-elle pas !

3° *Nocive, incroyablement nocive pour l'enfant*. Tous les travaux contemporains s'accordent à reconnaître que la syphilis constitue un véritable *danger social* par ses conséquences héréditaires, notamment par l'effroyable mortalité dont elle menace les enfants. Positivement, l'hérédité syphilitique tue les enfants par hécatombes, et la polymortalité infantile de la syphilis est devenue proverbiale. En ville, par exemple, la mortalité des enfants issus de mères syphilitiques varie de 60 à 61 % (approximativement). A l'hôpital je l'ai vue s'élever jusqu'à 84 % (Saint-Louis) et 86 % (Lourcine). Mon éminent collègue et ami, M. le prof. Pinard, me disait dernièrement que, sur 100 avortements qui se produisent dans sa clinique, il en compte 42 (au moins) qui incombent à la syphilis comme cause ! A Nancy, M. le Dr Etienne a même vu « une mortalité *terrifiante* de 95 % frapper les enfants issus de mères syphilitiques non traitées. »

Et je ne parle pas des tares, des dystrophies, des dégénérescences qui peuvent dériver héréditairement de la même origine, toutes défaillances natives du développement aboutissant à des imperfections, à des incorrections organiques, à des formations enrayées

ou défectueuses, voire à des monstruosités. Voyez, à n'en citer qu'un
seul type, ces infirmes de l'intelli-
gence qu'engendre l'hérédo-syphilis et
que, suivant la variété ou le degré de
leur déchéance psychique, on appelle
des arriérés, des simples, des bornés,
des déséquilibrés, des détraqués, des
imbéciles, des idiots, etc.

4° *Nocive*, enfin, *pour la grande collectivité qui s'appelle la nation, la
patrie.* Car, il n'est pas d'exagération à
le dire, la syphilis, de par les obstacles
qu'elle apporte au mariage ou à la
fécondation dans le mariage, et surtout
de par cette effroyable mortalité des
jeunes dont je parlais à l'instant, constitue un véritable *facteur de dépopu-
lation*, facteur intense et non encore
apprécié, j'en suis bien sûr, à sa véritable valeur. Est-ce que ces hécatombes
d'enfants ne créent pas une perte sèche
pour les intérêts de la nation? Est-ce
que la moitié ou le tiers des enfants
que tuera la syphilis cette année, je
suppose, n'aurait pas composé autant
de conscrits dans vingt ans? Soit dit
incidemment et par avance, avons-nous
le droit de faire bon marché de tant de

vies humaines et de courir à un tel déficit d'hommes, alors surtout que notre population décroît par rapport aux nations voisines ?

Voilà ce que la pratique médicale apprend aux médecins. Et ce n'est pas tout, tant s'en faut. Ainsi, à ne plus citer qu'un seul exemple comme complément, elle nous apprend encore ceci: qu'en fait de syphilis, il n'est pas que ceux qui s'y exposent qui en sont frappés. La syphilis vit essentiellement de ricochets, et à tout instant on la voit passer de ceux qui s'y sont exposés à ceux qui ne s'y sont jamais exposés. D'où il suit, comme enseignement de prophylaxie, qu'assainir le lupanar n'est pas seulement défendre ceux qui le fréquentent; c'est aussi, du même coup, protéger le foyer domestique, l'honnête femme, la famille et l'enfant.

Aussi bien, conséquents avec ces résultats déduits de l'expérience, les médecins et les hygiénistes n'hésiteront-ils pas un instant à conclure que :

1° La Société trouve dans la multi-

plicité et la haute gravité des dangers
inhérents aux affections vénériennes
le droit légitime, incontestable, de se
défendre contre elles par des mesures
de prophylaxie publique;

2° Ces mesures sont d'autant plus
légitimes qu'elles ne servent pas seulement à protéger ceux qui s'exposent
à la contamination et pourraient trouver un plus simple moyen de se protéger eux-mêmes, mais qu'elles servent
aussi à sauvegarder *ceux qui ne s'y
exposent pas*, notamment l'épouse et
l'enfant.

A ce double titre la Société n'a pas
seulement le droit de se défendre
contre le péril vénérien; elle en a
aussi, très certainement, l'obligation,
le *devoir*.

Ce dernier mot — n'est-il pas vrai?
— contient la condamnation même de
la doctrine abolitionniste.

Somme toute, me direz-vous, comme
conclusion vous aboutissez à ceci : au
nom de l'hygiène et de la santé pu-

blique, *nécessité d'une surveillance administrative de la prostitution ;* — surveillance se traduisant, au point de vue de la prophylaxie spéciale, par ces deux mesures : visite médicale imposée aux filles convaincues de prostitution professionnelle, et internement en cas de maladie contagieuse reconnue.

Parfaitement, vous répondrai-je. Mais, entendons-nous bien. Cette surveillance de la prostitution, avec l'Académie, avec les hygiénistes, avec mes collègues, je la veux et ne l'admets que conforme à l'esprit moderne, c'est-à-dire *légale* et *humanitaire.*

Légale, de par la substitution de la loi à l'arbitraire, du droit commun au pouvoir discrétionnaire policier ;

Humanitaire, de par la substitution au vieux régime de la prison, avec sa discipline et ses us pénitentiaires, de l'hospitalisation simple, de l'hospitalisation clémente, éclairée, tolérante, *charitable* ; oui, et même doublement charitable, car je voudrais qu'à l'hôpital la prostituée trouvât non pas seulement l'assistance médicale, mais en outre une assistance morale et moralisatrice qui lui offrît en permanence

. une *voie de retour* vers une vie meil-
leure et lui en facilitât l'accès.

*
* *

Et, maintenant, ai-je l'obligation de
répondre à ce vieil et sot argument,
ressassé tant de fois, réfuté tant de
fois, d'après lequel les mesures répressives que je viens de dire consti-
tueraient autant d'attentats à la liberté
individuelle et à ce que M. de Morsier
appelle « l'imprescriptible dignité de
l'être » ? Qui ne voit, en effet, pour peu
qu'on raisonne sans passion, que lesdites mesures ne sont pas plus attentatoires à la liberté individuelle que
ne l'est le fait d'incarcérer un voleur ?

A tout instant, dans la vie sociale,
la liberté de chacun se trouve limitée
ou même suspendue par la liberté
d'autrui ou par l'intérêt général. Le
plus formel exemple du genre est le
service militaire, pour lequel la liberté
de l'individu est immolée pendant trois
ans à l'intérêt de la patrie. C'est de
même l'intérêt de tous qui crée les ser-
vitudes des quarantaines, l'obligation
de la vaccine, les obligations diverses
auxquelles sont soumises les industries
insalubres ou dangereuses, etc. Eh

bien, appliquons au cas spécial qui nous intéresse pour l'instant ces principes reconnus et consacrés par le bon sens en général. Est-ce qu'une femme a le droit d'*immoraliser* la rue ? Est-ce qu'elle a le droit d'exciter les passants à un acte qui peut compromettre leur santé ? Ecoutons, sur ces deux points, l'éminent professeur Ad. Franck :

« Une femme peut faire ce qu'elle veut de son corps, le donner ou le vendre, mais en secret. Elle n'a pas le droit de l'offrir dans les rues, parce qu'alors elle attente au droit qu'ont les passants d'être respectés dans leur pudeur.

« ...De même, si une prostituée malade communique la maladie dont elle se sait atteinte, elle commet un attentat contre la santé du prochain, elle commet un délit qui doit être poursuivi, d'autant que le germe d'infection peut, en passant à travers le vice, atteindre l'innocence et la vertu. »

Et alors se présente, voire s'impose un rapprochement. Pourquoi ne pas assimiler, administrativement, l'industrie de la prostitution aux industries insalubres qui tombent sous la surveillance de l'autorité, au grand profit de l'intérêt général? Et, en effet, que fait donc la prostituée sur le trottoir?

Elle s'offre, elle se vend; c'est un commerce qu'elle exerce là, et inutile de dire si ce commerce est insalubre! Aussi bien est-ce à cette solution qu'aboutissent actuellement nombre de juristes, de sociologues, de philosophes, de penseurs, tels, par exemple que M. le prof. Duclaux, dans son beau livre sur l'hygiène sociale (1). C'est encore à cette même solution qu'a abouti, ces temps derniers, la *Ligue des droits de l'homme*, devant laquelle la Fédération abolitionniste avait imprudemment porté le débat, et qui, après longue enquête et mûre méditation, s'est prononcée sur ce point dans les termes suivants :

« ...La prostitution individuelle ne peut être, en elle-même, considérée comme un délit ; mais elle *doit être rangée parmi les commerces et industries insalubres*. A ce titre, elle peut être soumise, comme toute industrie ou commerce insalubre, à des *examens de surveillance* destinés à garantir les intérêts de la collectivité, dont le premier de tous est la santé publique. » (1).

---

(1) Voir p. 250.

Et, ajouterai-je encore, au point de vue même de la sentimentalité, est-elle donc bien intéressante et digne de pitié cette fille qui *se sait malade* et qui continue quand même à exercer sa profession ? Elle est là, sur le trottoir, malade, et elle y reste ; et, en pleine connaissance de cause, elle distribue la vérole aux passants, et au plus grand nombre possible de passants. Pourquoi donc ne va-t-elle pas à l'hôpital qui lui serait gratuitement ouvert ? Elle n'y va pas, ou bien par indifférence stupide, ou bien parce qu'elle préfère continuer son existence de paresse et de débauche, ou bien encore (et cela plus souvent qu'on ne pense, je l'affirme pour avoir reçu cette confession plus d'une fois) parce que son souteneur n'entend pas qu'elle y aille, c'est-à-dire n'entend pas qu'elle interrompe le métier dont il vit, lui ! Et vous trouvez cela « respectable » au nom de la liberté individuelle ! « Et vous voudriez, comme l'a très bien dit le Dᷓ Bon, que nous, Société, nous ne puissions lui dire : Halte-là ! Nous ne pouvons vous empêcher de vous prostituer, mais nous voulons et nous pouvons empêcher que vous n'empoisonniez sciemment un nombre illimité d'individus..... »

Et, de même, le Dr Mougeot : « On exproprie pour cause d'utilité publique les plus belles années de la vie d'un homme pour en faire un soldat, et l'on hésiterait à exproprier, pour cause de salubrité publique, quelques heures, quelques jours, quelques mois, s'il le faut, de la liberté d'une fille de mœurs suspectes ou méprisables ! »

Et, de même encore, M. Trarieux, comme conclusion : « Le droit est, en l'espèce, dans la défense de l'intérêt social. »

Ainsi parle le bon sens, éclairé par la clinique, pour conférer à la Société le droit, voire, dirai-je, l'obligation de s'armer en guerre contre le terrible fléau des affections vénériennes, et cela, je le répète encore, au nom des intérêts sacrés de la femme honnête, de l'enfant, de la famille et de la patrie.

Paris. — Imp. Jean Gainche, 15, rue de Verneuil.

131

9 782013 027595

Clinique des maladies cutanées et syphilitiques (hôpital Saint-Louis). De l'Abolitionnisme, par le professeur A. Fournier...

http://gallica.bnf.fr/ark:/12148/bpt6k935257x

9 782013 027595